AF344018

L'ART

DE

Fumer et de Priser

SANS DÉPLAIRE AUX BELLES,

ENSEIGNÉ EN 14 LEÇONS.

AVEC UNE NOTICE ÉTYMOLOGIQUE, HISTORIQUE, DOGMATIQUE,
PHILOSOPHIQUE, POLITIQUE, HYGIÉNIQUE,
SCIENTIFIQUE ET LYRIQUE,

SUR LE TABAC, LA TABATIÈRE, LA PIPE ET LE CIGARE,

PAR DEUX MARCHANDS DE TABAC,

QUI ONT MANGÉ LEUR FONDS.

Le nez a été fait pour les lunettes et la prise,
comme la bouche pour les baisers et la pipe.

Pensée nouvelle et inédite.

Paris,

CHEZ LES MARCHANDS DE NOUVAUTÉS,

ET TOUS LES MARCHANDS DE TABAC ET DE TABATIÈRES LES
PLUS AVANTAGEUSEMENT CONNUS DANS LA CAPITALE.

1827.

L'ART

DE

FUMER ET DE PRISER.

IMPRIMERIE D'AUG. BARTHÉLEMY,
RUE DES GRANDS-AUGUSTINS, N° 10.

L'ART

DE

Fumer et de Priser

SANS DÉPLAIRE AUX BELLES,

ENSEIGNÉ EN 14 LEÇONS.

AVEC UNE NOTICE ÉTYMOLOGIQUE, HISTORIQUE, DOGMATIQUE,

PHILOSOPHIQUE, POLITIQUE, HYGIÉNIQUE,

SCIENTIFIQUE ET LYRIQUE,

SUR LE TABAC, LA TABATIÈRE, LA PIPE ET LE CIGARE,

PAR DEUX MARCHANDS DE TABAC,

QUI ONT MANGÉ LEUR FONDS.

Le nez a été fait pour les lunettes et la prise,
comme la bouche pour les baisers et la pipe.
Pensée nouvelle et inédite.

Paris.

CHEZ LES MARCHANDS DE NOUVAUTÉS,

ET TOUS LES MARCHANDS DE TABAC ET DE TABATIÈRES LES
PLUS AVANTAGEUSEMENT CONNUS DANS LA CAPITALE.

1827.

AVANT-PROPOS.

On s'est beaucoup récrié dans le temps,
et on se récrie même encore beaucoup
aujourd'hui sur l'usage du tabac. Les dé-
clamations dont cet usage a été si fréquemment l'objet, se sont toujours bor-
nées à de vaines paroles, que l'on n'ap-
puyait sur aucun de ces *argumentum ad
hominem*, devant lesquels on se tait faute

d'avoir à répondre. *Que c'est vilain de fumer! que c'est vilain de priser!* s'écriaient nos belles et nos fashionnables! Ils ne sortaient pas de là, et tout était dit. Si les priseurs et les fumeurs n'avaient eu contre eux que les sarcasmes de ces poupées masculines que l'on décore du nom d'élégans du jour, certes, nous ne nous serions pas occupés de l'ouvrage *immensément* important que nous publions aujourd'hui : l'opinion des sots et des fats nous a toujours semblé devoir être plutôt méprisée que suivie ; mais un sexe que nous adorons, et auquel nous avons toujours ardemment désiré de plaire, paraît avoir partagé ces injustes préventions, il est de notre devoir de les dissiper, et nous allons y travailler d'une manière ferme et péremptoire.

Notre ouvrage est fait en conscience, nous ne cherchons pas à capter les suffrages par des raisonnemens plus spécieux que justes, loin de nous l'idée de vouloir abuser leurs loisirs : nous enseignons l'art de priser et de fumer sans déplaire aux belles, parce que nous sommes intimement convaincus de sa réalité; nous-mêmes depuis plusieurs années nous l'avons mis en pratique, et nous défions nos nombreuses connaissances de pouvoir dire, à notre haleine, à l'odeur de nos vêtemens, ni à tel symptôme que ce soit, si nous caressons la tabatière ou la pipe.

Nous croyons en outre rendre un véritable service à la société en propageant ces deux habitudes, attendu que, malgré les criailleries des ignorans, nous sommes intimement sûrs qu'elles sont d'une grande utilité et d'une bénigne influence dans l'état social.

Presque toutes les habitudes des hommes, innocentes d'abord, finissent par dégénérer en défauts graves, voire même quelquefois en vices; priser et fumer n'ont jamais eu et ne peuvent jamais avoir cet inconvénient : un homme qui aime le vin, avec le temps devient ivrogne, un autre qui aime les femmes, avec le temps devient débauché, etc; le priseur et le fumeur sont stationnaires, un peu plus, un peu moins de tabac, est le type des différens échelons que parcourent les habitudes qu'ils ont contractées; et s'ils ont la précaution de s'instruire dans les préceptes que nous leur offrons aujourd'hui, et qui sont aussi prompts à apprendre que faciles à exécuter, jamais le moindre reproche, la moindre répugnance à leur égard ne pourra leur être justement adressée.

Mais, va-t-on nous dire ici, vous aurez beau faire, le tabac ne sera jamais d'un usage général, et malgré votre *art*, croyez-vous que jamais il pénétre à la cour ? A cela je répondrai :

Se prosterner par an cent fois aux pieds d'un maître,
Dépendre absolument des volontés d'autrui,
Demeurer en des lieux où l'on ne voudrait être,
Pour l'ombre du plaisir souffrir beaucoup d'ennui,
Ne témoigner jamais ce qu'en son cœur on pense,
Suivre les favoris sans pourtant les aimer,
S'appauvrir en effet, s'enrichir d'espérance,
Louer tout ce qu'on voit, mais ne rien estimer,
Entretenir les grands d'un discours qui les flatte,
Rire de voir un chien caresser une chatte,
Manger toujours fort tard, changer la nuit en jour,
N'avoir pas un ami, bien que chacun on baise,
Être toujours debout et jamais à son aise,
Voilà, mes chers amis, comme on vit à la cour.

Et d'après ce tableau qui n'a rien d'exagéré, nous pourrions, bien certes, vous dire que si l'on ne peut pas *priser* à la cour, on y *fume* très-souvent; mais nous ne voulons pas que des calembours nous tiennent lieu de réponse, et nous avancerons hardiment que tôt ou tard l'usage du tabac pénétrera dans les salons royaux ; Frédéric et Napoléon prisaient comme des Suisses, et Jean-Bart fumait gaîment sa pipe de tabac dans le palais de Versailles.

Trahit sua quemque voluptas.

Ce qui veut dire, quoique pas tout-à-fait textuellement, *chacun s'amuse comme il peut*, ce qui nous semble très-juste et très-naturel ; mais ce qui est naturel encore, c'est le goût du changement, qui force de temps en temps les meilleurs proverbes à mentir ; ainsi on disait vers le milieu du 18ᵉ siècle : le Français passe son temps à chanter, l'Espagnol à pleurer, l'Anglais à danser, l'Italien à dormir, l'Allemand à boire, le Suédois à combattre, le Polonais à trousser sa moustache, et le Hollandais à fumer. Or il est un fait certain, c'est que ces différentes attributions ont bien changé, et sans nous occuper de celles qui ne se rattachent pas spécialement à notre objet, nous dirons que le Français, sans avoir cessé de chanter, rivalise aujourd'hui avec le Hollandais pour l'usage de la pipe : c'est donc faire une bonne œuvre et contribuer à ses plaisirs, que de lui enseigner l'art de fumer *décemment.*

Nous avons évité dans cet ouvrage la morgue et le pédantisme malheureusement trop communs des gens qui professent ; nous avons galonné la route que nous ouvrons à nos élèves, de vers, de chansons, d'épigrammes, d'anecdotes neuves et piquantes, nous n'avons rien négligé en un mot pour faire éclore des roses sous les pas de nos adeptes, et pour les amuser en les instruisant. Dans ce siècle de perfectionnement, le plaisir doit donner le bras à l'instruction, sans quoi les hommes, forcés de choisir entre les deux, pourraient fort bien préférer l'agréable à l'utile : nous avons aperçu de fort loin ce redoutable écueil, et nous pouvons dire avec une assurance fondée, que nous l'avons laissé à plus de cent lieues de nous; nos nombreux lecteurs daigneront avoir la complaisance de nous en savoir gré.

Avant de terminer cet avant-propos, que nos lecteurs nous permettent de leur dire deux mots de nous: ce droit, je le pense, nous est bien acquis par les travaux *immenses* et les peines sans nombre que nous a coûtés la confection de cet ouvrage. Nous prierons lesdits lecteurs, d'abord, de ne faire aucune attention aux propos des calomniateurs qui viendraient

nous dire impertinemment : *vous êtes or-
fevre, M. Josse.* Veuillez, nous vous en
prions, remarquer sur le titre que si nous
nous intitulons *marchands de tabac*, nous
y ajoutons, *mis à la réforme*, et qu'en conséquence n'exerçant plus ledit commerce,
peu nous importe que l'usage du tabac
s'étende ou se restreigne ; d'où vous devez
infailliblement et justement conclure que
le plus parfait désintéressement a conduit
notre plume. Nous nous citons pour
exemple, attendu que ces cas-là sont,
dit-on, fort rares dans le siècle où nous
sommes.

2°. Des amis doués…d'un nez excellent
nous ayant assuré que la censure ne lais-
serait pas annoncer dans les journaux un
ouvrage portant le titre épigrammatique
et peut être même séditieux d'*Art de
fumer…*, nous avaient conseillé d'aller
à Bruxelles recueillir par suite de l'im-

pression, le fruit de nos savantes recher-
ches et de nos profondes méditations;
nous avons répondu auxdits amis :

Déjà nous avons vu le Danube inconstant,
Qui, tantôt catholique et tantôt protestant,
  Sert Rome et Luther de son onde,
    Et qui comptant enfin pour rien
    Le romain, le luthérien,
    Finit sa course vagabonde
    Par n'être pas même chrétien.
    Rarement à courir le monde
    On devient plus homme de bien.

Or donc, comme nous désirons passer
pour d'honnêtes gens et de bons Français,
nous ne courrons pas les risques d'un
voyage que l'on dit cent fois plus long que
celui de Saint-Cloud; nous resterons à
Paris, nous nous y ferons imprimer, et si
la censure nous jette des bâtons dans la
roue, nous en appellerons à nos compa-

triotes pour la contrarier, et pour contribuer de toutes leurs forces au succès que
mérite sans contredit un ouvrage qui, s'il
n'est pas le fruit de quarante années de
travail, n'en est pas moins utile, profond,
et surtout agréable.

Vale, lectores.

LES ÉDITEURS.

P. S. Nous nous attacherons plus spécialement à la pipe dans le cours de cet
ouvrage, les belles ayant déjà depuis
plusieurs années presque entièrement ac-
cordé des lettres de grâce à la tabatière,
en en faisant elles-mêmes usage.

DU TABAC.

SON ORIGINE,

SON INTRODUCTION EN EUROPE, SON EMPLOI PRIMITIF, SON EMPLOI MÉDICAL, CAUSES DE LA GRANDE EXTENSION DONNÉE A SON USAGE, SA MISE EN RÉGIE, SON INFLUENCE POLITIQUE ET MORALE SUR LES PEUPLES, ETC., ETC.

Qnoi qu'en dise Aristote et sa docte cabale,
Le tabac est divin, il n'est rien qui l'égale,
Et par les fainéans pour fuir l'oisiveté,
Jamais amusement ne fut mieux inventé.
Ne saurait-on que dire, on prend sa tabatière ;
Soudain à gauche, à droite, en devant, par derrière,
Gens de toutes façons, connus et très-connus,
Pour y demander part sont les très-bien venus ;
Mais c'est peu qu'à donner instruisant la jeunesse
Le tabac l'accoutume à faire ainsi largesse.
C'est dans la médecine un remède nouveau ;
Il purge, réjouit, conforte le cerveau,
De toute noire humeur promptement le délivre,
Et qui vit sans tabac n'est pas digne de vivre.

THOM. CORNEILLE.—Festin de Pierre.

ET cependant il n'y a rien de si parfait,
ni de si excellent dans la nature, qui puisse

entièrement échapper au venin des mauvaises langues ; aussi il n'est pas étonnant que le tabac même n'ait pas été épargné, surtout de la part des médecins d'autrefois. A cette époque, où l'art de guérir était encore au berceau, les docteurs trouvaient fort mauvais que cette plante, la reine des végétaux, n'eût pas besoin de leur secours pour préserver de divers maux, et guérir plusieurs maladies.

Mais c'est vainement que l'on s'est efforcé de le déprécier ; le temps a fait justice de ses détracteurs, et les naturels du pays d'où il est originaire, en publiant les bienfaits infinis dont cette plante les a comblés, ont achevé de la venger des calomnies dont elle a été l'objet : il est donc authentiquement reconnu aujourd'hui que le tabac apaise la faim, soulage les douleurs, guérit de certaines plaies, purge le cerveau détourne les fluxions, fait expectorer les flegmes, purifie l'air, embaume le corps, et se rend d'agréable

compagnie dans la solitude. Nous traite
rons plus amplement de ses bienfaits,
quand nous en serons arrivés à ses propriétés hygiéniques. Pour le moment, nous
nous contenterons de dire que sa fumée
même fournit de quoi rêver, et réfléchir
avec utilité sur les vanités de ce bas monde,
et qu'elle a donné lieu aux vers suivans, qui
quoique surannés, ne sont certainement
pas sans mérite.

Doux charme de ma solitude,
Fumante pipe, ardent fourneau,
Qui purge d'humeurs mon cerveau,
Et mon esprit d'inquiétude.

Tabac, dont mon ame est ravie,
Lorsque je te vois perdre en l'air
Aussi promptement que l'éclair,
Je vois l'image de la vie.

Je remets dans mon souvenir
Ce qu'un jour je dois devenir,
N'étant qu'une cendre animée,

Et tout à coup je m'aperçoi
Que, courant après ta fumée,
Je me perds aussi bien que toi.

Tous les historiens que nous avons con-
sultés sur cet important sujet, se sont
accordés à dire que ce fut Jean Nicot, ambassadeur du roi de France, François II,
à la cour de Portugal, qui, le premier,
envoya des graines de cette plante au grand
prieur, et à la reine Catherine de Médicis,
en leur en indiquant les vertus; ce qui lui
fit donner le nom d'*herbe de l'ambassadeur,
herbe au grand-prieur*, *herbe à la reine,
nicotiane*.

Mais, à cette époque, il y avait déjà
près d'un siècle que le tabac avait été
transporté de l'Amérique, où il croissait
spontanément, jusqu'en Europe, par Ro-
man Passe, ermite espagnol.

Le mot *tabac* appartient à la langue
d'Haïti ou de Saint-Domingue. Cette plante
est appelée *yetl* par les Mexicains, *sagrî*
par les Péruviens, et *petun* par les Brési-
liens et les habitans de la Floride.

Cette plante, originaire de l'île de Ta-

bago (1), fut baptisée par Linnée *nico-
tiana tabacum,* et classée dans sa *pentan-
drie monogynie.*

Le célèbre Jussieu, qui de nos jours a
perfectionné le système végétal de Linnée,
a rangé le tabac dans la famille des so-
lanées.

Toutefois, depuis l'époque de son introduction sur le continent, il prit alter-
nativement, soit le nom du pays d'où il
venait, soit de celui où on le manufactu-
rait, soit seulement celui du port où on
l'embarquait.

Ce ne fut d'abord que le petit peuple
qui commença en France à faire usage du
tabac par le nez ; cette mode fut considé-
rée comme très-indécente, et voilà pour-

---

(1) Ce *Tabago* n'est pas l'île de ce nom qui fait
partie des Antilles, mais bien *Tabago* dans la mer
du Mexique.

quoi Boileau s'est permis de dire dans sa satire sur les femmes :

T'ai-je fait voir de joie une belle animée,
Qui souvent d'un repas sortant tout enfumée,
Fait même à ses amans trop faibles d'estomac,
Redouter ses baisers pleins d'air et de tabac?

Le premier qui l'apporta en Europe fut le chevalier Raghliff, anglais, qui en fit présent à sa patrie sous le règne de Jacques Ier.

Une chose digne de remarque, c'est que le parlement britannique de ce temps-là, qui fourmillait des ennemis de ce Raghliff, le fit condamner à mort, sous prétexte de divers crimes imaginaires, entre lesquels fut textuellement spécifié celui d'avoir introduit en Angleterre le tabac, dont les délices pourraient amuser le peuple jusqu'à lui faire négliger toute autre occupation.

Ainsi, ce pauvre chevalier fut sacrifié à la haine de ses ennemis, pour avoir procuré à sa patrie un aussi grand avantage que le tabac, qui rapporte annuellement des sommes immenses à l'Angleterre.

Cette contrée ne fut cependant pas celle à qui la propagation du tabac parut le plus utile. Cette plante exquise fut pour les villes anséatiques une mine plus riche que toutes celles du Pérou, et même que les galions des Indes, et c'est ce qui fit dire jadis avec tant de malice et de justesse : *La Hollande est un pays où les quatre élémens ne valent rien, et où le démon de l'or est couronné de tabac, et assis sur un trône de fromage.*

Lorsque cette denrée coloniale eut été introduite en France, les dévots du temps conçurent des scrupules sur cette nouvelle sensualité, et ce végétal fut une nouvelle pomme de discorde jetée parmi les casuites. Les uns pensèrent que prendre du tabac était une action très-indifférente pour le salut de l'ame, et que saint Pierre ne visitait pas le nez des élus quand il leur ouvrait la porte du paradis ; d'autres docteurs décidèrent que le tabac était une nouvelle souillure, et qu'en respirer une prise ou en aspirer une seule bouffée était un péché mortel ; on écrivit des volumes pour et contre, et pendant cette guerre à coups de plume, l'usage du tabac se répandit avec une incroyable rapidité.

Urbain VIII crut terminer les disputes théologiques en déclarant excommuniés tous les nez à tabac ; mais ce bon pape s'y prit trop tard, et les tabatières bravaient les foudres du Vatican.

Pour arrêter ce scandale, un éloquent dominicain annonça qu'il prêcherait à Rome contre le péché du tabac : l'affluence des fidèles fut nombreuse ; mais après l'exorde du sermon, les assistans ne furent pas peu surpris de voir le révérend prédicateur tirer une grande tabatière de sa poche, l'ouvrir et la poser sur l'appui de la chaire. On crut d'abord que cette boîte deviendrait un moyen oratoire ; mais l'étonnement redoubla quand on vit le bon père

plonger les doigts dans la tabatière à chaque page du sermon, et respirer une énor-
me prise avec une sensualité vraiment
ascétique. Ce mouvement machinal se
répéta si souvent que la boîte fut épuisée
quand le sermon fut fini. Le révérend père
s'apercevant alors de sa distraction, se tira
d'embarras par ces paroles de l'Ecriture ;
*faites ce qu'ils vous disent, et non pas
ce qu'ils font.*

Ainsi donc, malgré les foudres de l'é-
loquence du dominicain, malgré la bulle
d'excomunication du pape, le tabac ne
s'en répandit pas moins sur toute la terre;
mais comme la nature a mis dans tout
quelques bizarreries, elle le fit adopter
d'une manière chez une nation, d'une seconde chez sa voisine, et d'une troisième
chez un autre peuple ; ainsi les Allemands,
les Suédois et les Polonais, prirent spécialement l'habitude de mâcher le tabac,
comme on mâche le bétel chez les Orien-
taux; les Flamands, les Hollandais, les

Suisses, fumèrent.... comme des Suisses, et les Français se jetèrent à corps perdu dans la tabatière ; car ce n'est guère que depuis la révolution qu'ils se sont adonnés à l'usage du tabac à fumer : un peu plus bas nous expliquerons la cause de cette petite révolution dans les habitudes d'un peuple.

En fait de peuple, chacun son goût, ses manies. Que diraient nos délicates, nos élégantes Françaises, si leurs doux amis leur faisaient la proposition de fumer un léger cigarre? elles s'écrieraient : fi l'horreur! Eh bien pourtant ce qui les choquerait si fort, et qui, nous n'en doutons pas, attaquerait grièvement leurs nerfs, qui sont d'une sensibilité.... Ah ! il faut le voir, cette épouvantable habitude de fumer un cigarre, n'est qu'une chose très — ordinaire chez quelques nations, et notamment la Hollande, voire même les Pays-Bas. Oui, mesdames, cette habitude de fumer le cigarre et même la pipe, a gagné jus-

qu'au beau sexe dans ces pays-là, et il n'est
pas rare de voir une Hollandaise.... Mais
je m'arrête, je vois d'ici les regards d'in-
dignation que vous me lancez, vous pen-
sez que je vous trompe, que ce que je vous
dis est tout simplement une façon d'écrire
l'histoire à la manière de Walter Scott,
quand il a écrit celle de Napoléon. Pas du
tout, mesdames, je ne dis que la vérité; et si vous ne me croyez pas.... allez-
y voir.

Les Français, au milieu des heureuses
qualités qui les distinguent, ont le défaut
de s'engouer aussi facilement que de prendre en antipathie; ils ne savent pas garder
un juste milieu, et passent d'une extré-
mité à l'autre avec la plus étonnante facilité. Ainsi avant la révolution, l'usage du
tabac à fumer était du plus mauvais ton,
et on l'abandonnait à ce que l'on appelait
la lie du peuple; un estaminet était appelé
dans les dictionnaires de cette époque, lieu
de débauche où le bas peuple se rassemble

pour boire et fumer. On se cachait pour se régaler d'un excellent cigarre de la Havane, et nos jeunes étourneaux et nos belles dames de la cour faisaient des parties fines aux Porcherons, à la Râpée; nos grands de Paris se faisaient eng.... en plein jour par les dames de la Halle, qui à cette époque-là étaient, nous a-t-on dit, et ce que nous avons de la peine à croire, fort bavardes et fort insolentes; il était en un mot du meilleur ton d'être du mauvais ton; mais ce débordement ne s'étendait pas jusqu'au tabac, et rien dans les bamboches de nos Français d'alors ne mitigea le sceau de réprobation que l'on avait appliqué sur la pipe.

Ainsi donc avant la révolution il y avait antipathie bien prononcée contre les fumeurs; aujourd'hui il y a engoûment profond, patent, visible. Quelle est la cause de ce changement si bien marqué? voilà ce que nul avant nous ne s'est occupé à rechercher, ce que nous ne pouvons pas ab-

solument passer sous silence, et ce qui
fournira un chapitre de plus à l'histoire
des bizarreries de la nature humaine.

Petites causes, grands effets; grandes
causes, petits effets; on ne voit que cela
depuis que le monde existe, et l'habitude
de fumer en est un nouvel exemple.

Il est très-probable que la révolution
française n'a pas été entreprise, exécutée,
achevée, pour répandre en France l'usage
du tabac à fumer, et cependant si tel eût
été son but, elle aurait fort bien réussi.

Tout le monde sait qu'à la suite des scè-
nes tragiques qui ensanglantèrent la patrie en 92 et 93, les rois du nord se coa-
lisèrent contre nous, et que celui de la
Prusse entre autres eut l'insolence de venir manger de nos dragées jusqu'à Verdun.
Tout le monde sait également que ces dragées lui coûtèrent un peu cher; les armées
de la république portèrent de tous côtés
nos armes triomphantes. Un homme à qui
la poche de son gilet ou les basques de son

habit servaient de tabatière, se mit alors à la tête de nos braves , et Marengo, Ulm, Ratisbonne, Austerlitz, Jena, Eylau, Smolensk, Lutzen, etc., sont là pour attester que nos guerriers n'y allaient pas de main morte. Or, quel fut le résultat de toutes ces victoires? que la France, au bout de vingt-cinq ans , se retrouva à très-peu de chose près *in statu quo ante*, c'est-à-dire dans le même état qu'auparavant, et le seul avantage bien clair, bien évident, qui ait résulté de ces vingt-cinq ans de conquêtes et de gloire, a été tout simplement l'extension de l'habitude de fumer en France.

En effet cette habitude était bien mieux enracinée chez nos voisins, les Flamands, les Hollandais, les Espagnols , les Suisses, les Allemands; et dans la période de guerres continuelles qui venait de s'écouler, la fleur de la jeunesse française avait été constamment en rapport avec ces fumeurs et personne n'ignore combien la force de l'exemple est puissante chez un peuple qui ne se croirait pas bien habillé s'il n'avait pas une cravate turque, un gilet grec, un pantalon espagnol, des bottes russes, et un habit anglais.

D'une autre part l'oisiveté prolongée des camps nécessite l'emploi d'une distraction peu coûteuse, et que l'on puisse trouver sous sa main en tout temps et a toute heure; deuxième motif en faveur de l'habitude de fumer; et l'on conçoit facilement qu'une fois cette habitude prise, quand le soldat quittant ses drapeaux est redevenu artisan ou laboureur, il l'a conservée, et même transmise à ses enfans.

Certes, il n'y a rien à blâmer là dedans; mais un malheur attaché à la condition humaine, c'est que l'on ne se contente pas d'user, on abuse : ce n'est cependant pas du luxe effréné qui règne aujourd'hui dans les estaminets, que nous ferons reproche à la capitale; l'argent du fumeur vaut bien celui du priseur, et nous ne voyons pas pour quel motif on blesserait les yeux de l'un, tandis que l'on charmerait ceux de l'autre ; mais ce que nous trouvons ignoble, dégoûtant même, et nuisible au développement des facultés physiques et morales, c'est de voir cette habitude prise par des enfans.

N'est-il pas affligeant pour l'ami de l'humanité, et honteux pour les parens, de rencontrer dans les rues de la capitale, des morveux, âgés tout au plus de dix ans, se promenant la pipe à la bouche ? Certes l'étranger qui contemple un pareil spectacle, ne peut guère s'empêcher de trouver que sous ce rapport, du moins, la révolution a été bien loin de nous rendre service.

Nous insistons fortement sur ce dernier point ; nous recommandons spécialement des mesures promptes et sévères aux parens pour faire cesser ce scandale immoral et dangereux, et nous le répétons ici parce qu'on ne saurait trop le répéter, un jeune homme, quelle que soit la force de sa complexion , ne doit pas fumer avant quinze ans , sous peine de compromettre sa santé présente, et même ses forces physiques futures.

Mais revenons à l'histoire du tabac, et pour en finir à ce sujet, apprenons-leur de quelle manière ce pauvre tabac, qui jusqu'alors avait vécu en pleine et entière liberté, se vit tout à coup enchaîné par ordonnance, et soumis à des formalités qui durent bien lui déplaire si elles l'ont ennuyé autant que nous.

Mais avant toutefois de citer cette époque mémorable dans les annales du tabac, nous prendrons la liberté d'adresser un léger reproche à nos lecteurs.

Nous sommes loin de vouloir signaler ici leur ignorance , et cependant nous sommes forcés d'affirmer que sur trente personnes qui prisent et qui fument, dix seulement ont vu une fois dans leur vie le tabac lorsqu'il est en fleur. La faute n'en est cependant pas entièrement à eux, et il est à présumer que sans l'ordonnance qui a chassé cette plante de nos parterres, ses feuilles oblongues et très-longues, et ses fleurs couleur de rose, et portées sur une longue tige, ne seraient pas négligées dans l'embellissement de nos jardins. Alors l'ignorance des Parisiens à ce sujet cesserait d'exister.

Mais notre gouvernement républicain, qui, tout en faisant de grandes choses, ne négligeait pas du tout ses petits intérêts, en décida tout-à-fait différemment, et il décréta que le tabac serait désormais exploité en régie, au profit des gouvernans, et qu'il serait défendu aux gouvernés, laboureurs, agriculteurs ou jardiniers, d'en posséder dans leurs terres plus d'un pied par tête d'homme ou de cheval (1).

---

(1) Le tabac sert de remède dans une maladie qui affecte spécialement les chevaux.

Emploi médical et propriétés particulières du Tabac.

C'est avec les feuilles de la nicotiane que l'on fait le tabac ; il s'obtient, en général, en faisant fermenter ces feuilles jusqu'à un certain point, les séchant et les réduisant en rubans ou en poudre, selon l'usage auquel on les destine.

M. Vauquelin a fait l'analyse de ces feuilles ; elles contiennent :

1° Une grande quantité d'albumine ; 2° une matière rouge, soluble dans l'alcool et dans l'eau, matière qui n'est pas encore bien connue ; 3° un principe âcre ; 4° de la résine verte ; 5° de la fibre ligneuse ; 6° de l'acide acétique, 7° du nitrate et de l'hydrochlorate de potasse ; 8° de l'hydrochlorate d'ammoniaque ; 9° du phosphate de chaux ; 10° de l'oxide de fer ;

11° de la silice. C'est au principe âcre, principe très voisin des huiles, que le tabac doit sa propriété.

Le tabac a été administré comme émétique, purgatif, expectorant, etc.

On s'en est servi dans les infiltrations séreuses de la poitrine, dans les catarrhes, l'apoplexie séreuse, les paralysies des parties supérieures, le commencement des gouttes sereines, les maux de dents et d'oreilles.

On l'a donné principalement dans la forme de sirop, préparé avec l'infusion de tabac, de miel et de vinaigre ; ce médicament, connu sous le nom de sirop de Quercetan, a été employé à la dose d'une cuillerée à café dans une potion de 3 à 4 onces, dont on faisait prendre une cuillerée à café.

Dans des cas d'empoisonnement où l'on ne peut obtenir des vomissemens par les émétiques ordinaires, on a employé avec un grand succès des lavemens de décoctum de tabac, préparés avec deux ou trois gros de ce médicament dans une pinte d'eau que l'on réduisait à chopine.

M. Fowler, médecin anglais, regarde les feuilles de la nicotiane comme très-convenables pour favoriser l'écoulement des urines; il les prescrit en poudre, dans du vin et dans des pilules.

La fumée donnée en lavement est très-utile dans les asphyxies, les apoplexies, les fièvres soporeuses, les constipations opiniâtres, et contre les ascarides dont les enfans sont si souvent tourmentés.

Mais le plus important de ses divers emplois, c'est celui d'aller titiller agréablement les fosses nasales. Il est très-propre à éclaircir la vue, à fortifier le cerveau et à le rendre plus libre; il ne faut pas toutefois en abuser, et n'oublier jamais que son usage immodéré peut porter atteinte aux facultés digestives, produire un affaiblissement remarquable, et donner lieu, par son action sur le système nerveux, à

des tremblemens et autres affections spas-
modiques, il faut craindre surtout la perte
de la mémoire, que l'on a eu occasion d'observer chez de grands priseurs.

Toutefois, on peut, sans le moindre
danger, l'employer à l'extérieur, comme
suit :

1°. M. Humbolt, dans son voyage sur
l'Orénoque, a vu appliquer avec succès le
tabac mâché pour la morsure de la vipère.

2°. Les feuilles fraîches, appliquées sur
la tête, guérissent de la migraine, des
fluxions, des odontalgies.

3°. Elles sont bonnes pour déterger les
vieux ulcères.

4°. On s'en sert, sous forme de pomma-
de, contre la teigne, la gale, les dartres,
et pour détruire les insectes nuisibles à
l'homme (1).

---

(1) Il faut user de ce médicament avec modéra-
tion, exemple : une femme appliqua sur la tête de
ses enfans qui avaient la teigne un liniment préparé

5°. En frictions sur l'abdomen, pour provoquer des vomissemens ou des évacuations alvines.

6°. Enfin, en fumigations, pour combattre la goutte et les douleurs rhumatismales.

Mais autant le tabac peut être utile à l'extérieur, autant il est dangereux à l'intérieur. Son administration imprudente est suivie de trop de dangers, pour que l'on ne doive pas chercher à le remplacer par des médicamens moins violens. Quel que soit le tissu sur lequel on l'applique, il est absorbé, transporté dans le torrent de la circulation, et porte son action sur le sys-

---

avec la poudre de tabac et du beurre; peu après ils éprouvèrent des vertiges, des vomissemens violens et des défaillances; ils eurent des sueurs copieuses; pendant 24 heures ils marchèrent comme s'ils eussent été ivres.

(*Éphémérides des curieux de la nature*, 11 *décembre* an **IV**, p. 46.)

tème nerveux. Poison terrible; il a cent fois donné lieu à des accidens sinistres; il détermine un tremblement général, des vertiges, la paralysie, l'insensibilité générale, et même la mort : témoin la fin déplorable du poète Santeuil. (Voir aux anecdotes.)

Le tabac ordinaire que l'on trouve chez les débitans en détail, a un *montant* factice qu'on lui donne en y mêlant une certaine quantité de chaux et de sel ammoniac. La décomposition graduelle et presque insensible de ce dernier, entretient toujours un petit dégagement d'alcali volatil qui exhale l'odeur du tabac. On conçoit qu'il n'en faut pas moins pour exciter convenablement des nez tels que ceux des poissardes, des forts de la halle, des crocheteurs, dont la sensibilité est un peu plus rebelle que celle des individus amollis par le luxe et la civilisation. (Orfila.)

Le tabac agit sur l'économie animale par une qualité stimulante, et par une qualité narcotique. La première de ces qualités est certainement incontestable : on sait combien l'usage de fumer est devenu général. D'abord, on se servait uniquement des feuilles contournées sur elles-mêmes, et que l'on allumait ; mais à l'époque où la Virginie fut découverte par les Anglais, on perfectionna les moyens de satisfaire un besoin devenu impérieux. L'un des effets de cette habitude est de solliciter les glandes salivaires, et les autres émonctoires de la bouche ; de là nécessité de cracher fréquemment, etc. Quant à la propriété narcotique du tabac, elle se manifeste souvent sur les personnes qui veulent en faire usage sans y être accoutumées. Ces personnes éprouvent des vertiges, des somnolences, et un véritable engourdissement de l'organe encéphalique. Le même inconvénient arrive aux individus qui y sont habitués, toutes les fois qu'ils en font un usage immodéré ; aussi recommanderons-nous fortement à nos lecteurs d'en user, mais de ne pas en abuser.

Influence du Tabac sur la législation actuelle.

Nous avions fait sous ce titre un article foudroyant ; nous remontions presque au déluge , et nous avions envoyé aux ministres quelques bonnes grosses vérités , qui n'auraient pas laissé que de leur faire faire un tantinet la grimace ; mais un de nos grands amis , qui est aussi dans le tabac , nous a fait quelques légères observations dont nous n'avons pu nous empêcher de reconnaître la justesse.

D'abord il nous a dit , 1° que parmi les débitans il en connaissait un grand nombre qui étaient de fort honnêtes gens , et que la probité étant une chose assez rare dans notre siècle il fallait la respecter quand le hasard voulait qu'on la rencontrât.

2°. Que n'y eût-il dans Paris que le corps

des marchandes de tabac, cela devait bien
suffire pour faire respecter celui des marchands.

3°. Qu'il y avait de si jolies femmes
parmi ces marchandes de tabac, que ce
serait un meurtre d'en mal parler, témoins
mademoiselle..., madame, etc., etc., etc.

4°. Qu'il était en général très-prudent de
ne pas faire fumer les marchands de tabac,
attendu qu'ils pourraient se venger en nous
imposant la peine opposée.

Cédant à ces considérations aussi justes
qu'importantes, nous avons biffé, avec
regret, notre article politique, car si ce
n'eût été les jolies marchandes... Enfin le
sacrifice en est fait, nous avons allumé
notre pipe (1) avec notre dissertation sur
le tabac..., qu'il n'en soit plus question.

Cependant comme nos lecteurs n'aper-

---

(1) Allumer sa pipe, expression vicieuse ; c'est le
tabac qu'on allume et non la pipe.

(Note du Prote.)

cevraient peut-être pas le rapport immédiat qui existe entre le tabac et la législation, et pourraient nous taxer de charlatanisme, nous voulons éviter ce reproche, et nous leur dirons : ce sont les députés qui sanctionnent les lois, ce sont les électeurs qui font les députés... ; plus d'une fois des commissions de tabac ont fait arriver les candidats ministériels au milieu de la chambre, qui se serait fort bien passé de leur visite... ; donc..., vous voyez bien que l'on pouvait à bon droit faire un chapitre intitulé de l'influence du tabac sur la législation actuelle.

PREMIÈRE LEÇON.

Données générales pour fumer.

Depuis bien des années le ridicule s'est introduit partout : il existe beaucoup de personnes qui ne font usage du tabac que pour avoir l'occasion de se faire remarquer par la beauté de leur pipe ou de leur tabatière; c'est principalement aux premières que cette leçon est adressée.

On se servit pendant long-temps de pipes dont le tuyau en forme de jonc et d'une longueur prodigieuse, donnait la facilité de la placer dans la poche, nonobstant que le couvercle, quelquefois mal fermé, pouvait laisser du jour au feu et causer la perte d'un habit ou d'une redingote : les tuyaux dont nous venons de parler n'ont jamais été propres à conserver une bouche saine; en effet, la vapeur du tabac et la salive qui y pénètrent toujours, forment une espèce de liquide que l'on peut regarder comme un poison lent, et qui laisse une odeur si désagréable dans la bouche, qu'elle est même insupportable au fumeur le plus déterminé. On conçoit facilement qu'il n'est guère possible d'y remédier, car le tuyau étant très-long et le conduit très-étroit, on ne peut le nétoyer qu'avec peine, et encore le plus souvent n'y parvient-on pas.

Il ne faut pas non plus que le tuyau d'une pipe soit trop court, car alors la fumée ne perdant presque rien de sa force et de sa chaleur, peut causer plus d'une incommodité dans la bouche de celui qui fume.

Pour éviter la mauvaise odeur que laisse le vieux tabac, on ne doit jamais conserver de *culot* (1).

---

(1) On ne conserve jamais un culot que lorsque l'on veut noircir la tête d'une pipe, comme on le verra plus loin. *(Note de l'Éditeur.)*

Quant à ceux qui affectent un trop grand luxe dans l'achat de leurs tabatières, nous dirons que cela tourne toujours au détriment de celui qui en est le propriétaire : c'est bien souvent une belle qui s'en fait faire le cadeau, ou c'est un fripon qui se le fait lui-même.

Il est également facile à concevoir que si l'on veut fumer sans déplaire aux belles, il faut tâcher de posséder une pipe élégante, originale, curieuse, qui excite le sourire, et n'offre pas un aspect repoussant, comme ces vieilles pipes échancrées, courtes, sales et noires, vulgairement connues sous le nom de brûle g....

Autant un jeune homme a de grâce avec une belle pipe à la bouche, autant il fait honte quand cette pipe n'a aucune espèce d'élégance : le choix d'une pipe est donc de la plus haute importance.

Il faut d'abord se bien pénétrer d'une vérité constante, immuable, c'est qu'il n'est que deux sortes de pipes dans lesquelles il soit agréable de fumer, la pipe en écume de mer, et la pipe faite de cette terre à qui la pipe elle-même a donné son nom.

La pipe en écume, douce à l'estomac, spongieuse, d'un goût aromatique, est elle-même d'un aspect si agréable, qu'elle a peu besoin d'embellissemens, et que la plus modeste garniture lui suffit.

Il n'en est pas de même de la pipe de terre; elle est d'une simplicité trop outrée, et elle a véritablement besoin d'un peu de parure; cette parure lui a été décernée de mille manières différentes, c'est alors le goût qui doit donner la préférence : tout ce que nous pouvons faire en cette circons-tance, c'est de donner à la suite de ces leçons l'adresse des maisons les plus avantageusement connues dans la capitale pour tout ce qui concerne le tabac...

Nous nous contenterons de faire observer cependant que la mode étant en France la dispensatrice de toutes les grâces, un jeune homme ne peut jamais se dispenser de la suivre, même dans le choix d'une pipe; en conséquence, il doit fumer successive-ment, à la Jocko, à la Foy, à la Girafe, etc., selon les circonstances.

DEUXIÈME LEÇON.

Énumération des différentes espèces de Tabac.

Avant le fameux décret qui le mit en régie , la concurrence faisait que l'on fumait dans notre pat ie d'excellent tabac ; mais aussi quelquefois des débitans avides le frelataient, y mêlaient des substances nuisibles dans l'espoir d'un gain illicite, de telle sorte que le pour et le contre se trouvaienttellement balancés,que nous ne savons pas au juste si on doit se plaindre au gouvernement ou le remercier de cette mesure-là. Toutefois pousser l'intérêt qu'il prenait à notre santé, jusqu'à taxer le tabac ordinaire à quatre francs la livre, nous paraît un peu fort, et MM. les gouvernans de ce temps-là auraient bien dû ne pas tant s'intéresser à nous.

A partir de cette époque, on n'a plus fait usage en France que de deux sortes de tabac à priser, et de deux sortes à fumer, sauf toutefois les tabacs de contrebande ; car malgré la vigilance de MM. les gabeloux français, il entre encore annuellement plus de livres de tabac étranger dans notre pays, que de gros sous dans la poche d'un homme qui n'aime pas les ministres, et quoique ce tabac ne soit souvent pas meilleur que le nôtre, et se vende plus cher encore, tout le monde veut en goûter.

> Le plaisir n'est piquant
> Que lorsqu'on le défend.

Le tabac à priser, ainsi que nous le disions tout-à-l'heure, n'est que de deux qualités, l'ordinaire et le virginie ; mais le priseur industrieux peut varier ces deux sortes de tabac de mille et une manières, au moyen de corps étrangers introduits dans la poudre sternutatoire, tels que la fève tonka, la fameuse pastille du sérail, l'écorce d'orange, de citron, etc; mais nous lui recommanderons spécialement de ne pas oublier que la rose est l'image des belles, que son parfum a la suavité de leur haleine, et nous lui conseillons fortement de ne faire usage auprès d'elles que du tabac à la rose.

Le tabac à priser dit tabac d'Espagne, est sans contredit meilleur que le nôtre; une dame vous en demandera quelques prises avec plaisir, si la contrebande en a amené dans votre tabatière; mais n'oubliez jamais qu'il est très-fort, qu'il entête, et qu'une femme qui a mal à la tête n'est jamais de très-bonne humeur.

Comme nous l'avons dit, il n'y a de légitimes en France que deux sortes de tabac à fumer, tabac à 4 fr., tabac à 7 fr. 50 c. Ce dernier est fort bon, nous le préférons même à tous les tabacs étrangers; mais le prix nous en paraît véritablement par trop exorbitant, et les Français, tout patriotes et tout nationaux qu'ils soient, se voient obligés de se jeter sur les tabacs de contrebande, s'ils veulent fumer quelque chose de distingué et d'agréable.

Ces tabacs de contrebande sont en grand nombre, parmi lesquels le goût seul peut décider.

Le *tabac turc*, poudre rougeâtre qui nous arrive en France enveloppée dans du plomb, est bon, mais il est trop fort, et finirait par détruire, ou du moins beaucoup affaiblir la délicatesse du palais; nous recommandons en conséquence d'en modérer l'usage, et de ne s'en servir que rarement et seulement pour varier les plaisirs.

Le *tabac d'Espagne* et celui de la *Havane* sont les mêmes, ils ne sont pas mauvais; mais celui qui leur est supérieur, à notre goût du moins, c'est le *tabac belge*; ce tabac de couleur blonde, est bien facile à reconnaître, d'abord à ses feuilles coupées fin comme fil, et plus encore à la saveur et au parfum agréable dont il est si abondamment fourni : moins fort que le turc et l'espagnol, il porte moins à la tête, et est d'une plus facile digestion.

TROISIÈME LEÇON.

———

Les Pipes, les Cigarres, le Cigaritto.

Un bon fumeur préférera toujours la pipe à tous les cigarres passés, présens et futurs; mais comme un galant homme doit savoir faire quelques sacrifices, il ne devra jamais oublier que le cigarre et le cigarrito effarouchent beaucoup moins la beauté.

En fait de cigarres (1), il n'en est que trois espèces en France, le *cigarre ordinaire*, le *cigarre de la Havane*, et le *cigarre à paille de maïs*.

———

(1) L'Académie dit que l'on peut indifféremment dire un cigarre ou une cigarre; mais nous prévenons nos lecteurs que cigale et cigarre ne sont pas synonimes.

Le *cigarre ordinaire* est fait avec de si mauvais tabac, et les ouvriers qui le font sont si mal payés, que ce cigarre n'est pour ainsi dire pas fumable ; cependant si vous voulez plaire aux femmes, donnez-lui la préférence, en ayant bien soin toutefois de demander chez votre marchand de tabac des cigarres, soit à l'orange, soit au citron, etc... A l'article des adresses, nous citerons les marchands qui en tiennent.

Le *cigarre de la Havane*, fait au Gros-Caillou, est encore assez mal fagotté, et toujours trop sec ; mais enfin le tabac n'en est pas mauvais, et il laisse dans la bouche une odeur beaucoup plus savoureuse que le précédent.

Le *cigarre à paille de maïs* est ce que l'on doit regarder comme le *paria* des ci-garres. Nous ne dirons cependant pas qu'il soit mauvais, attendu que ce qui ne sent rien n'a jamais mauvais goût, et c'est jus-tement là le cas où il se trouve. Nous re-commandons à nos lecteurs de laisser ce

igarre-là à ceux que l'on appelle *fumait-
ons* (petits fumeurs), c'est assez bon pour
ux; mais un franc et loyal fumeur ne doit
amais descendre aussi bas que dans le cas
l'impérieuse nécessité.

Le *cigaritto* ou cigarre espagnol est un
etit carré de papier à lettre dans lequel on
fait entrer du tabac. Quand ce tabac est
on, et quand le papier est artistement
lié, le cigaritto est exquis à fumer. Les
spagnols, dit-on, fument rarement d'une
utre manière, à moins que... Au surplus,
ela ne nous regarde pas.

Savoir très bien faire un *cigaritto* est le
omble du talent d'un vrai fumeur, et ce
ême cigarrito a de plus l'immense avan-
age de persuader aux femmes que celui
ui le fume n'en fait usage que par hasard,
ar entraînement, par imitation, et qu'il
'en a nullement l'habitude..... Pauvres
emmes..... !

QUATRIÈME LEÇON.

Choix de la Boîte à Tabac.

Ceci, comme on le pense bien, n'e[s]
pas une petite affaire; mille et une chos[e]
ont été inventées depuis 25 ans pour ren[]
fermer le tabac, toutes ont été plus o[u]
moins à la mode, et aucune d'elles n'éta[it]
sans inconvéniens.

La *blague* ne convient qu'aux vieux fu[]
meurs, qui ne demandent plus rien au[x]
belles, et n'ont plus rien à espérer d'elles[]
nous voudrions qu'elle fût rayée du diction[]
naire de la jeunesse fumante.

La *boîte en tôle*, qui contient à la fo[is]
le tabac, le briquet, la pipe, ne peut êtr[e]
admise que comme meuble de voyage.

Celle en cuivre peut devenir dangereu[se]
pour la santé.

Celle en argent est de mauvais goût ; en général, l'argenterie, dans tout ce qui se rapporte au tabac, a toujours été *petit genre*.

L'artichaut est l'habitué de l'estaminet. Sa place est là ; il devrait y naître, y mourir, et surtout n'en jamais sortir.

Mais la boîte du bon ton, la boîte par excellence, le véritable passe-partout, c'est la boîte en fine écaille où repose la pastille du sérail ; cette boîte, comme nous le dirons dans une leçon postérieure, peut avoir quatre faces : impériale, constitutionnelle, ultrà et romantique, selon la société dans laquelle on se trouve.

Une excellente précaution à prendre pour cette boîte, ce qui peut également s'exécuter pour la tabatière, c'est de la faire couper par la moitié horizontale, et l'ouvrant des deux côtés.

L'une des deux parties serait destinée au tabac, et l'autre à des pastilles de citron, d'orange, de vanille ou autres, pourvu qu'elles fussent d'un goût un peu tranchant.

Nous connaissons un peu les belles, cher lecteur, et nous ne croyons pas mentir de beaucoup, en avançant hardiment que les pastilles feront passer le tabac.

CINQUIÈME LEÇON.

De la petite Sauge et de l'Anis.

Il est certains individus, dont la constitution physique repousse évidemment l'emploi du tabac; ces individus, heureusement pour le bien-être public, et surtout pour la régie, sont en très-petit nombre; mais de ce que ce précieux stimulant leur est absolument contraire, il ne s'ensuit pas qu'il leur soit totalement défendu de fumer. Il leur reste la petite sauge et l'anis.

L'anis est un peu fort pour les estomacs faibles, et la petite sauge, plante très-adoucissante, lui est infiniment préférable, et produit du reste une odeur beaucoup plus agréable.

Il est inutile de dire que l'on fait usage

de ces deux substances de la même manière que du tabac, et nous profiterons de cette légère excursion hors du domaine de la nicotiane, pour inviter fortement nos lecteurs à ne jamais faire usage de l'espèce d'aromate que l'on appelle *cascarille* ou *chacril*.

Cette écorce produit une poudre enivrante, fébrifuge, qui a l'inconvénient d'exciter chez celui qui la fume des maux de tête étourdissans, et, ce qui nous semble pis encore, d'attaquer la sensibilité nerveuse d'un sexe habitué à des odeurs plus douces et plus suaves.

On conçoit facilement que, dans un ouvrage où il s'agit d'enseigner...... *sans déplaire aux belles*, il nous importait beaucoup de ne pas passer un tel abus sous silence.

SIXIÈME LEÇON.

Premier moyen de fumer sans déplaire aux belles.

C'est bien souvent après avoir dîné, lorsque la digestion commence à se faire, que l'on ressent le vif désir de vider une pipe de tabac; c'est alors aussi qu'une courte promenade s'engage dans le jardin de celui qui fait les honneurs (il faut supposer qu'il en aurait un). On sait qu'il est fort rare aujourd'hui de ne pas rencontrer de ces hommes gras et pituiteux à qui l'usage de la fumée de tabac est ordonnée comme une chose nécessaire à leur existence: eh bien, suivez-les; amenez la conversation sur le sujet qui vous a conduit

vers eux ; demandez-leur pourquoi ils fument, ils vous confesseront de la meilleure
foi du monde que sans la pipe ils n'existe-
raient peut - être plus. Paraissez étonné
d'une telle réponse, et dites que le conseil de
brûler du tabac vous a plus d'une fois été
donné par les médecins, mais que vous
n'avez jamais ajouté aucune croyance à
un tel remède ; qu'un estomac gras ne
doit pas être plus desséché que celui d'un
homme chétif. Alors ils vous désabuseront
en se donnant pour exemple ; paraissez
convaincu, et ne manifestez plus que la
crainte de vous habituer au goût du tabac ;
c'est alors qu'ils vous donneront des leçons.
Vous prendrez donc une pipe et vous en
ferez usage, mais à peine aurez-vous fini,
qu'il faudra vous récrier sur les maux de
cœur que cet essai vous a causés ; il faudra aussi vous plaindre du conseil que
vous aurez suivi, et vous récrier auprès
des dames sur l'espèce de violence que
l'on aurait exercée sur vous, en vous indui-

sant en erreur. Elles vous plaindront en plaisantant un peu sur votre crédulité ; n'importe, vos désirs seront satisfaits et votre excuse sera complète.

SEPTIÈME LEÇON.

Second moyen de fumer sans déplaire aux belles.

Le grand ton veut que souvent l'on se trouve au bal; mais c'est là que l'étiquette est le plus rigoureusement observée; c'est là que l'on scrute les manières plus ou moins galantes d'un jeune cavalier. Il faut donc employer toute la réserve possible pour cacher un défaut qui pourrait déplaire. L'odeur de la pipe donne trop de latitude à la causticité, on ne peut donc se permettre de fumer ouvertement ; cependant celui qui en a formé l'habitude s'en passe difficilement. Eh bien! il est un moyen de se satisfaire sans pour cela paraître ridicule, et le voici. A peine la contredanse est-elle commencée que vous devez porter un mouchoir à votre joue : la personne que vous avez priée s'en aperçoit, et vous en demande la cause. Éludez d'abord la question en répondant avec indifférence que cela n'est rien, que c'est une légère indisposition qui vous est assez ordinaire. On insistera pour la connaître ; dites alors qu'une douleur de dents vous empêche de goûter tout le charme que peut offrir une réunion de si jolies personnes ; n'oubliez pas de faire comprendre que cela s'adresse à votre danseuse ; alors votre mal apparent qui deviendra sensible, elle vous engagera sans doute à porter remède à des souffrances que l'on compare à celles de l'amour. C'est ici qu'il faut savoir feindre ; dites qu'il est en votre pouvoir d'obtenir une prompte guérison, mais que rien ne pourra vous décider à l'entreprendre. Alors on voudra savoir si le remède que vous possédez est efficace ; répondez affirmativement, en ajoutant qu'il est aussi détesté des belles qu'il est le fléau de la crise dont vous êtes atteint. Les femmes ont ordinairement le cœur sensible; celle avec laquelle vous converserez ne manquera pas de faire mille réflexions. Eh quoi ! vous dira-t-elle, osez-vous penser que ce qui pourrait alléger les maux d'un autre nous fût si odieux ? vous connaissez donc bien peu le cœur des femmes ! Alors ne vous possédez plus, implorez votre pardon, convenez que vous êtes coupable, mais que la douleur seule a causé votre égarement, ajoutez enfin que la fumée du tabac pourrait vous guérir... Quoi ! ce n'est que cela vous dira-t-on ? mais ce n'est rien, quand on n'en a pas l'habitude. Fumez, monsieur; fumez; je vous excuse pour toute la société que j'aurai le soin de prévenir en votre faveur.

Alors la contredanse une fois terminée vous demandez un cigarre que vous brûlez en vous promenant sur le balcon ou dans le jardin; et, lorsque vous venez re-

rendre votre place, vous voyez toutes les ames s'approcher de vous en s'informant e l'état de votre santé , et vous féliciter u remède que vous aurez employé.

HUITIÈME LEÇON.

Troisième moyen de fumer sans déplaire aux belles.

La ruse conduit à tout. Lorsque l'envie de fumer vous prendra en société, rien n'est plus facile que de vous satisfaire; entendez-vous avec un de vos amis, et dans le cours d'une conversation, faites-la tomber sur le tabac à fumer. Désapprouvez ceux qui en font usage, vous êtes certain que toutes les femmes seront de votre avis; dites aussi qu'il fut un temps où plusieurs de vos amis vous conduisaient parfois dans ces estaminets où la fumée y concentre si bien l'air, que l'on a peine à respirer; ajoutez qu'ils ont tenté de vous habituer à la pipe, mais que son odeur vous est insupportable. Alors que votre ami tire un ci-

arre de sa poche, et en protestant de sa
onne odeur et de sa qualité (ce cigarre
oit être à la rose), qu'il en prenne à témoin l'odorat des dames de la société; convenez aussi que le goût en est parfait et
que par curiosité vous allez essayer de le
brûler, personne ne vous contredira. Alors
substituez au tabac embaumé le vrai tabac
de la régie; fumez à votre aise, et quand vos
désirs seront satisfaits, rincez-vous la bouche avec de l'eau de rose dans laquelle
vous aurez mis infuser de l'iris (cela doit
être préparé d'avance), et rentrez dans le
salon, où votre haleine exhalera une odeur
dont toutes les dames vous feront compli-
ment.

NEUVIÈME LEÇON.

Quatrième moyen de fumer sans déplaire aux belles.

Quand vous serez dans une société où il y aura un fumeur, voulez-vous l'imiter, il n'est rien de plus facile. Demandez-lui si le goût du tabac peut exciter quelque incommodité chez celui qui veut en prendre l'habitude. Il vous répondra sans doute affirmativement; dites que cela vous semble extraordinaire, en ajoutant que vous gageriez pouvoir fumer sans éprouver aucun malaise : soyez certain que votre homme vous donnera tort et que le pari s'établira; alors les dames se rangeront autour de vous, car elles voudront connaître l'issue de ce qu'elle regarderont comme un trait d'héroïsme : vous pourrez

donc fumer sans que rien vous gêne, et
quand l'épreuve sera terminée, celles à qui
la pipe déplaît ordinairement vous félici-
teront d'en avoir fait usage.

Pour rendre la réussite encore plus certaine, nous pensons qu'il serait bon de
vous faire un compère de votre antago-
niste. Alors rien ne s'opposerait au triomphe d'une telle ruse.

DIXIÈME LEÇON.

Cinquième moyen de fumer sans déplaire aux belles.

Depuis long-temps la question de l'emploi du tabac n'en est plus une : celui-ci le prend en poudre pour des maux d'yeux, celui-là pour se préserver d'une fréquente migraine; l'un le fume par distraction, l'autre pour se guérir de quelque maladie interne; mais la question que l'on n'a pas encore résolue, c'est de savoir lequel du tabac à fumer ou du tabac à priser doit obtenir l'assentiment des dames.

Si nous répondions pour elles, nous ne balancerions pas à dire : ni l'un ni l'autre; mais il en est un qu'elles n'ont point entièrement exclu des salons, carelles en font assez souvent usage , c'est le tabac à priser.

Nous demanderons maintenant d'où vient cette préférence, puisque le fumeur est moins désagréable en société que ne le fut toujours le priseur; et la preuve ne sera pas difficile à trouver.

C'est le goût du tabac qui déplaît aux belles : si nous partons de ce principe , nous verrons bientôt qu'elles ne doivent pas avoir moins d'antipathie pour l'un que pour l'autre ; mais nous voulons bien admettre que ce soit la fumée qui leur déplaise : celui qui fume est-il toujours à côté d'elles ? ne peut-il sortir du salon, fumer, se rincer la bouche, et rentrer comme il est sorti, c'est-à-dire sans aucune odeur ?

Il n'en est pas ainsi de celui qui prise : le tabac qu'il entasse à chaque instant dans ses conduits nasaux, descend dans sa gorge, qui bien rarement n'exhale pas une odeur plus que désagréable.

La personne qui fait usage du tabac en

poudre doit donc se garder de le respirer avec force, et surtout se moucher souvent; dans le premier cas, elle garantira sa poi- trine, et dans le second, ne laissant pas au tabac le temps de se croupir, son haleine sera beaucoup plus douce.

ONZIÈME LEÇON.

Mise en anecdote.

L'amour, dit-on, ne connaît point d'obstacle : *lorsque l'on doit s'aimer*, tous les
défauts ne sont rien ; cette maxime est
fausse, et je crois le prouver clairement.

J'ai dit *lorsque l'on doit s'aimer*, car si
l'on s'aimait déjà, je soutiendrais que le
proverbe est juste.

Mais je m'aperçois que j'appelle obstacle
une habitude qui depuis long-temps est
devenue à la mode. Hé quoi ! me dira-t-on,
un délassement d'esprit pourrait entraver
la marche des amours? Nous répondrons
affirmativement, et, qui mieux est, nous
appuierons notre réponse d'une preuve
non équivoque.

Charles fumait ordinairement, mais il

ne voulait cependant pas que les belles
qu'il courtisait s'en aperçussent; il y par-
venait si bien, que la majeure partie de ses
amis pensaient qu'il n'usait un cigarre que
par agrément. Un soir, au sortir du bal,
il revenait avec l'objet de *sa tendre sollici-
tude*, lorsque trois cavaliers faubouriens
qui n'ont pas la sotte manie de se priver
pour satisfaire les convenances que l'on
veut bien appeler sociales, envoyèrent, de
compagnie avec les fils d'Eole, un joli tour-
billon de fumée sous l'odorat un peu mes-
quin de sa Dulcinée : celle-ci se récria
contre cette odeur, et fit en trois mots anti-
polis le panégyrique des fumeurs : « Ah, di-
sait-elle, si quelqu'un venait m'offrir le titre
d'ami, et qu'il fût atteint de ce besoin que
le bon goût réprouve, rien au monde ne
pourrait m'engager à répondre à ses instances. » On pense bien que notre prétendant
appuya ce raisonnement de toute la force
de sa logique; il reconnut qu'un homme
est bien petit dans ses actions, puisqu'il ré-

cherche souvent ce qui peut contrarier la délicatesse physique du beau sexe.

Cependant Charles faisait partie de la classe des fumeurs, il avait donc été insulté comme eux : ne devait-il pas aviser à quelque moyen de vengeance? sans doute, et c'est l'amour qui le lui fournit.

Tant que ses désirs ne furent pas comblés il se montra galant, empressé, soumis, et bientôt il n'eut plus rien à désirer; c'est seulement alors qu'il voulut que sa belle se repentît de ce qu'elle avait dit quinze jours auparavant.

Nos deux amans se voyaient chaque soir. Charles allait attendre son amie dans un café où elle venait le prendre quand l'heure du repos était sonnée : elle n'entrait point, mais elle frappait à certain carreau désigné et du côté duquel notre conspirateur se plaçait toujours; nous disons conspirateur, car on n'a pas encore oublié qu'il avait promis de venger l'honneur du corps fumeur à quelque prix que ce fût.

En effet, au signal ordinaire il se lève,
bourre sa pipe, l'allume et va retrouver
celle qui commençait à perdre patience.
« Quoi! s'écrie-t-elle en l'apercevant, tu
fumes donc?—Sans doute; cela te déplai-
rait-il? —Dans la rue; si ce n'était qu'à la
maison.—Mais il fait nuit.—Ah! c'est juste.
—L'odeur ne te contrarie donc pas?—Il
faut bien céder puisque tu le veux. »

Quel changement en quinze jours! le
lecteur en a sans doute compris la cause:
hé bien! qu'il mette à profit la leçon que
nous venons de lui donner; quand il ren-
contrera quelque pigrièche, qu'il se sou-
vienne qu'il faut paraître *avant* ce que l'on
n'est pas, mais après!.....

DOUZIÈME LEÇON.

***

Moyens de faire son chemin dans le monde avec la Tabatière.

Tout homme qui n'est pas un sot doit avoir de l'ambition : par ambition je n'entends ni la folie guerrière d'un conquérant ferrailleur, ni la platitude d'un courtisan servile, mais ce noble désir de sortir de la foule commune, de se distinguer, et d'arriver à un bien-être quelconque qui vous assure au moins des moyens d'existence pour vos vieux jours.

Par malheur, les chemins qui conduisent à ce bien-être sont terriblement battus, et on y a tant moissonné, tant glané, tant glané, tant moissonné, que les malheureux qui s'y engagent meurent souvent

de faim sur la route , sans avoir pu seulement y découvrir un malheureux épi. Il
devient donc d'une nécessité indispensable
de créer des voies nouvelles ; il n'est pas
dans notre plan de les indiquer toutes ,
mais il est de notre devoir de donner à
l'homme d'esprit un aperçu des moyens
originaux de prospérité qu'il peut obtenir
de la tabatière.

Ayez toujours sur vous deux tabatières
à double couvercle , afin d'avoir sous la
main de quoi flatter le goût des personnes
avec lesquelles vous vous trouvez , quelle
que soit leur opinion politique.

Que trois des faces soient consacrées à
l'esprit de parti.

Que la première soit revêtue de la Charte
constitutionnelle , comme M. Touquet l'a
si ingénieusement imaginé il y a quelques
années : cette face est à coup sûr celle que
vous mettrez le plus souvent en évidence ,
car, n'en déplaise à MM. les journaux ultrà
ou ministériels , la France est essentielle-

ment constitutionnelle, et si le monarque possède son cœur, la Charte est la souve- raine de son ame.

La seconde face représentera le portrait de l'ex-empereur; ce portrait là n'est plus prohibé, ainsi n'ayez aucune crainte; je conviens que ce fut un *usurpateur*, mais il y avait du bon dans cet homme-là : il lui est resté quelques amis fidèles à sa mémoire, et un homme qui veut faire son chemin ne doit négliger personne.

La troisième face doit être consacrée au fameux étendard levé jadis par Martain- ville et consorts, un drapeau blanc avec cet exergue : *Vive le Roi quand même...!* on ne sait pas où on peut se trouver.

Peut-être ne ferait-on pas mal de fourrer aussi dans quelque coin la fameuse de- vise des RR. PP., *Jesus hominum salvator*; elle est influente aujourd'hui; au surplus, nos lecteurs en décideront, ils connaissent mieux que nous les différens personnages qu'ils fréquentent habituellement.

La quatrième et dernière face est pour
s'attirer l'intérêt du beau sexe : qu'elle représente une beauté mélancolique, dans le
genre des Rosa, Louisa, Maria, Malvina
ou Ethelwina. Ayez soin de faire adroite-
ment remarquer ce portrait à la femme à
qui vous offrez galamment du tabac : dès
lors questions de sa part; prenez un air af-
fligé, vantez votre constance, parlez de
vos malheurs, de votre désespoir en appre-
nant la perfidie de cette femme adorée,
criez un peu même contre le sexe, c'est
un excellent moyen de le piquer au jeu;
bref, faites tous vos efforts pour paraître
intéressant, car un homme intéressant a
toujours mené les belles beaucoup plus loin
qu'elles ne le croyaient; et comme les
femmes ont toujours joui d'une influence
marquée en France, peut-être parce que la
loi salique y existe, vous êtes sûr de faire
un rapide chemin.

Nous avouons franchement que les préceptes que nous donnons là frisent un peu

le girouettisme ; mais depuis la révolution
quel est l'être qui n'a pas un peu tergiversé,
n'eût-il retourné qu'une manche de son
habit ?

On pense bien que le mécanisme admi-
rable que nous venons d'indiquer pour la
tabatière, peut également s'appliquer à la
boîte à [illegible]

TREIZIÈME LEÇON.

Moyens pour dissiper l'odeur du Tabac.

Il n'est pas donné à tout le monde d'aller à Corinthe, dit un vieux proverbe; les hommes ne sont pas tous à la hauteur du siècle, dit un adage plus moderne, et c'est ce qui est cause qu'il existe encore dans Paris un grand nombre de chefs de division, chefs de bureaux, etc., etc., qui se permettent de s'offusquer lorsque les habits ou même l'haleine de leurs sous-employés est imprégnée de l'odeur du tabac.

Cet inconvénient, qui ne laisse pas d'être grave, puisqu'il pourrait finir par compromettre les intérêts pécuniaires d'un fumeur, se représente aussi quelquefois lorsque l'on est auprès d'une jolie femme, qui, n'ayant jamais parlé de trop près à des officiers de l'ancienne ou de la nouvelle armée, ne serait pas encore familiarisée avec le parfum de la reine des plantes. On conçoit donc combien il est urgent de parer à cet inconvénient. Cela n'est nullement difficile ; mais encore faut-il qu'un auteur complaisant l'apprenne aux fumeurs, car nos savans nombreux qui pâlissent jour et nuit sur de poudreux bouquins , soi-disant pour le bien-être de l'humanité, ne lui ont pas encore rendu cet éminent service.

Nous avons trop bonne opinion de nos lecteurs pour leur conseiller de parfumer d'ambre tous les matins les vêtemens qui la veille, pendant une longue séance dans un estaminet, se seraient profondément imprégnés de la fumée tabachique ; mais nous leur attestons qu'ils parviendront au même résultat, celui de dissimuler cette fumée à leurs chefs ou à leurs amis, au moyen des petites précautions suivantes, qui sont de l'emploi le plus facile.

1°. Avoir la précaution de ne jamais por-ter à son bureau les vêtemens avec lesquels on a passé la soirée précédente dans un estaminet ; et si des raisons pécuniaires, des accidens de fortune, s'opposent à ce changement, avoir bien soin d'exposer pendant la nuit ces vêtemens au contact de l'air, afin de diminuer, autant que possible, l'odeur de tabac dont ils sont imprégnés.

2°. Mêler à l'eau qui sert à faire des ablutions aux mains, à la tête, etc., chaque matin, quelques gouttes d'eau de Cologne dont l'odeur suave puisse remplacer celle du tabac, qui n'a pas le bonheur de plaire à tout le monde.

3°. Avoir toujours sur soi de l'iris, substance assez fade par elle-même, et qui pourtant a l'heureuse propriété d'éclipser l'odeur du tabac.

4°. A défaut d'iris, faire usage d'une pomme de reinette, qui jouit de la même propriété , mais à un degré beaucoup moindre.

5°. Se bien gargariser la bouche avec une eau rendue odorante par tel moyen que ce soit, immédiatement après avoir fumé.

6°. En agir de même à l'égard de ses mains.

Ces précautions suffiront, et en les exé-cutant bien ponctuellement, nous assurons à nos lecteurs qui fument, qu'à côté d'eux le nez le plus délicat et le plus exercé ne pourra tout au plus que douter.

QUATORZIÈME ET DERNIÈRE LEÇON.

Différentes manières de noircir les pipes.

Nous n'avions pas eu d'abord l'intention de faire un chapitre sur ce sujet, qui s'éloigne un tant soit peu de notre but, attendu que les belles ne tiennent pas du tout aux pipes culottées; mais quelques amis nous ont assuré que traiter cette partie délicate de l'art, serait rendre un service éminent à ceux qui commencent à fumer, et nous avons cédé à leurs vives instances.

Que la nature est bizarre dans ses conceptions! Deux individus vont se munir d'une pipe de la même fabrique; ils ne sont pas plus savans l'un que l'autre dans cet art; ils fument; l'un culotte parfaitement sa pipe, l'autre ne peut pas en venir à bout.

Aussi ne peut-on donner à ce sujet des rè-
gles bien exactes et bien précises ; toutefois voici quelques précautions qui aident
généralement beaucoup.

Manière de faire la tête d'une pipe de terre.

Il faut d'abord la choisir marquée d'un trèfle, ou mieux du nº 17; la terre de cette fabrique étant beaucoup plus tendre, elle s'imbibe plus facilement du jus de tabac.

Vous y passerez de l'eau-de-vie à plusieurs reprises. A défaut d'eau-de-vie on peut se servir de toute autre liqueur ou même d'eau pure, après quoi vous humecterez un peu de tabac que vous placerez dans le fond de la pipe à la hauteur que vous voudrez la noircir; vous l'égaliserez avec le doigt en le serrant un peu, de manière cependant que l'air puisse y passer librement; le reste du tabac doit être sec (pour les premières fois seulement) : c'est ainsi qu'étant enflammé il s'éteindra de lui-même dès que le feu sera parvenu au culot. Alors secouez la cendre, et fumez de même au moins une douzaine de fois; enfin vous recommencerez l'opération après avoir entièrement vidé votre pipe, et bientôt vous la verrez se marquer à la hauteur du culot, que vous aurez eu le soin de changer ainsi que nous l'avons dit plus haut.

Manière de noicir le tuyau d'une Pipe.

Le choix de la pipe doit être fait ainsi que nous l'avons déjà dit. La préparation est aussi la même à l'exception du culot que l'on ne met pas d'avance.

Une pipe dont le tuyau seul est noir fut toujours estimée des fumeurs; aussi faut-il beaucoup d'attention pour y bien parvenir. D'abord la tête doit être entièrement couverte de papier, et l'on ne peut l'allumer qu'avec de l'amadou. Nous devons prévenir que celui qui ne pourrait fumer tout ce qu'elle contiendrait ne doit pas la remplir, car il faut qu'elle soit vidée chaque fois qu'elle est commencée, afin que le jus du tabac ne puisse rester que dans le tuyau.

Nous ferons observer qu'il est indispensable pour noircir le tuyau, comme pour noircir la pipe, de la tenir toujours droite et dans la même direction, de la vider bien également, et de ne jamais l'allumer plus d'une fois sans renouveler le tabac.

—

Manière de faire une Pipe d'écume.

La pipe d'écume est si tendre, qu'il faut prendre toutes les précautions possibles pour parvenir à la noircir sans accident.

D'abord, on doit l'envelopper dans un petit sac de peau, et ne pas la découvrir avant qu'elle soit faite, surtout tandis qu'elle est encore chaude.

Il ne faut jamais la bourrer avec force, car alors le tabac jette une quantité de jus qui suffirait pour la pourrir.

On ne doit fumer que bien doucement; dans le cas contraire, on ne manquerait pas de la brûler, ce qui l'empêcherait totalement de se faire.

Le culot doit toujours être fort petit, la pipe ne devant se faire qu'en dessous.

Du reste, comme l'attention dépend du

fumeur, s'il suit les principes que nous lui avons donnés, il s'apercevra bientôt de leur justesse.

Si, malgré ces précautions, vous ne venez pas à bout de ce que vous avez tenté, renoncez à votre dessein, car alors il sera prouvé que la nature ne vous a pas doué de l'heureuse facilité de culotter une pipe, et résolvez-vous à employer le moyen suivant.

Manière de noircir une Pipe en moins de cinq minutes.

Après avoir fait bouillir votre pipe dans de l'eau, couvrez-en avec du papier les parties que vous voulez conserver blanches, et ne laissez à découvert que celles que vous voulez noircir. Prenez ensuite une poignée de foin sur laquelle vous jetterez un peu d'huile à quinquet, mettez-y le feu, enfin placez votre pipe au dessus de la fumée qui en sortira, et, bientôt après, vous la verrez aussi noire que de l'ébène. Alors ôtez le papier qui l'entoure, et soyez certain qu'elle sera assez jolie pour faire envie à plus d'un fumeur.

Toutefois, nous conseillerons faiblement à nos lecteurs l'emploi de ce moyen frauduleux.

Rien n'est beau que le vrai, le vrai seul est aimable.

Anecdotes, Contes, Bons-Mots, Chansons, etc., qui se rattachent à l'usage du Tabac.

Il est nécessaire, en toutes choses, d'é-
viter la contention d'esprit ; le véritable
peintre, comme le véritable professeur,
doit savoir mélanger les leçons et les
couleurs. Le meilleur moyen de faire pénétrer l'instruction dans la tête de ses dis-
ciples, c'est de rendre cette instruction
amusante, ou de délasser l'esprit de l'é-
lève, en faisant succéder des choses légères à des choses abstraites et sérieuses. Or,
comme nous présumons que les importans
préceptes que nous venons de développer
ont pu fatiguer un peu l'intelligence de
nos lecteurs, nous les faisons suivre d'a-
necdotes curieuses, de chansons piquantes,
auxquelles le tabac a donné lieu d'une

manière plus ou moins directe, plus ou moins détournée. C'est le dessert qui arrive pour aider à la digestion du repas ; et, sous ce rapport, nous espérons que les fumeurs et les priseurs nous sauront gré d'avoir si heureusement mélangé le sérieux et le gai, le superficiel et le profond, l'agréable et l'utile.

———

Les romantiques de nos jours auront beau faire, ils resteront toujours bien loin des romantiques du siècle de Louis XIV. On ne trouverait pas dans tout le *Solitaire*, ni dans toutes les odes de M. Hugo, ni même en Allemagne, une phrase à comparer à celle dont se servit un jour Balzac pour demander à une dame une prise de tabac : « Madame, lui dit-il, permettez que mes extrémités digitales s'insinuent dans vos concavités tabachiques, pour y puiser cette poudre subtile qui dissipe et confond les

humeurs aquatiques de mon cerveau ma-
récageux. »

En avril 1810, lorsque Napoléon et
Marie-Louise allèrent visiter le canal sou-
terrain de Saint-Quentin, et les villes de
Cambray, Valenciennes, etc., etc., le
bourgmestre d'une ville de Hollande
crut devoir ajouter à l'arc de triomphe
qu'il avait fait élever, l'inscription sui-
vante :

> Il n'a pas fait une sottise
> En épousant Marie-Louise.

Napoléon n'eut pas plus tôt aperçu cet
effort d'une imagination à la fois politique
et poétique, qu'il fit demander ce bourgmestre. « M. le maire, lui dit-il, on cul-
tive les muses chez vous ? — Sire, je fais
quelques vers. — Ah ! c'est donc vous.....
Prenez-vous du tabac ? ajouta-t-il en lui

présentant une tabatière enrichie de dia-
mans. — Oui, sire..., mais, je suis con-
fus.. — Prenez, prenez, gardez la boîte et
le tabac, et

> Quand vous y prendrez une prise
> Rappelez-vous Marie-Louise. »

Frédéric prenait beaucoup de tabac;
pour s'éviter la peine de fouiller dans sa
poche, il avait fait placer sur chaque cheminée de son appartement une grande tabatière où il puisait au besoin. Un jour,
il voit de son cabinet un de ses pages
qui, ne croyant pas être aperçu, et curieux de goûter le tabac royal, mettait
sans façon les doigts dans la boîte ouverte
sur la cheminée de la pièce voisine. Le roi
ne dit rien d'abord; mais au bout d'une
heure il appelle le page, se fait apporter
la tabatière, et, après avoir invité l'indiscret
à y prendre une prise : « comment le trou-

vez-vous ? — Excellent, sire. — Et cette
tabatière ? — Superbe, sire ! — Eh bien,
Monsieur, prenez-la, car je la crois trop
petite pour nous deux. »

*

M. Bacheville, ex-capitaine de la vieille
garde, condamné à mort en 1816, et ac-
quitté en 1819, raconte que, pendant son
exil, arrivé aux environs de Munich, il
se trouva, ainsi que son frère, dans une
telle détresse, qu'il ne put apaiser la
faim qui le tourmentait, qu'en donnant
au garde d'une forêt, en échange d'une
jatte de lait et d'un morceau de mauvais
pain, le dernier objet qui fût à sa disposi-
tion, le seul qui pût lui faire oublier tant
d'infortunes, sa vieille pipe. « Connaissant
« tout le prix de ce douloureux sacrifice,
« ajoute-t-il, le premier emploi que fit
« mon frère des fonds qui nous parvinrent,
« fut de remplacer la perte que j'avais

« faite, et je fus plus sensible à ce cadeau
« que je ne l'avais peut-être été à toutes
« les faveurs de la fortune, qui , pendant
« quelque temps , n'en fut cependant pas
« avare pour moi. »

Le tabac a eu comme tant d'autres belles
choses ses grands poètes, qui l'ont célébré
d'une manière à la fois neuve et hardie, témoin le couplet suivant, dont l'auteur, mal-
heureusement-trop modeste , a gardé le
plus profond anonyme :

> J'ai du bon tabac dans ma tabatière,
> J'ai du bon tabac, tu n'en auras pas ;
> J'en ai du bon et du râpé,
> Ça ne sera pas pour ton fichu né.
>
> J'ai du bon tabac dans ma tabatière,
> J'ai du bon tabac, tu n'en auras pas.

La rime , il est vrai , n'est pas excessive-
ment riche, mais de belles pensées doivent
faire excuser bien des choses.

C'était à Londres, au parterre de l'Opéra : un spectateur , inquiet d'une certaine presse dont il sentait le but, porte sa main à sa poche. « Vous avez pris ma tabatière, dit-il aussitôt, mais avec ménagement, à un individu de mine équivoque qui se trouvait près de lui, rendez-la moi, ou je.... — Point de bruit , je vous supplie , lui répond l'inconnu , ne me perdez pas. Tenez, reprenez votre tabatière , ajoute-t-il d'une voix basse ; » en même temps il entr'ouvre la poche de son habit. L'homme confiant s'y précipite de tout l'avant-bras. Alors , au voleur ! au voleur ! s'écrie l'émule de Cartouche en montrant la main prisonnière , et le bon spectateur est arrêté ; mais il démontre facilement son innocence. Quant à sa tabatière , l'accusateur avait disparu.

« La belle chose que la probité, disait à ses enfans un honnête épicier tenant débit de tabac. Quel crédit elle vous donne dans le commerce ! quelle considération elle vous assure dans le monde ! Si je suis élec- teur et marguillier, c'est que je suis exact jusqu'au scrupule ; c'est que je n'ai jamais retardé d'une minute le paiement d'un billet ; c'est que j'ai toujours rendu à cha- cun son compte en bonnes pièces, et ven- du à juste prix et à bon poids. A propos, Nicolas, as-tu mis de l'eau dans le tabac ? — Oui, monsieur. — Du poiré dans l'eau- de-vie ? — Oui, monsieur. — De la chi- corée dans le café ? — Oui, monsieur. — Du suif dans le beurre de cacao. — Oui, monsieur. — C'est fort bien, viens faire la prière avec nous, et demandons surtout à Dieu qu'il te maintienne dans les voies de la probité, dont je ne m'écarterais pas pour tout l'or du monde. »

C'est encore le tabac qui a inspiré les couplets suivans que chantait madame Ga-raudan, dans *le Diable à quatre* ou *la Femme acariâtre*.

Je n'aimais pas le tabac beaucoup,
J'en prenais peu, fort souvent pas du tout;
  Mais mon mari me defend cela, *(bis)*
    Depuis ce moment-là
    Je le trouve piquant
       quand
    J'en puis prendre à l'écart,
      car
    Un plaisir vaut son prix *(bis)*
       pris
    En dépit des maris.

Le poëte Santeuil de joyeuse mémoire, ce brave et digne chanoine de Saint-Vic-tor, qui s'était rendu célèbre par sa gaîté et ses bons mots, est mort victime de ce végétal. Dans un repas, on trouva plaisant

de lui faire boire un grand verre de vin
dans lequel on avait vidé une tabatière
de tabac d'Espagne ; il fut soudainement
saisi par la fièvre et les vomissemens, et,
en quelques heures , il succomba à des
douleurs horribles.

A la cour de Montézuma , dit M. de
Humbolt, les personnes d'une haute dis-
tinction emploient la fumée du tabac ,
non-seulement pour faciliter la sieste après
le repas du dîner , mais encore pour
s'exciter au sommeil après celui du dé-
jeûner.

Ode à la Tulipe,

DIEU DES FUMEURS.

Fuyez de moi, filles du Pinde ;
Je t'abjure, amant de Daphné ;
Dieu des fous que la rime guinde,
Sous tes lois je ne suis pas né :
Dieu du tabac et de la pipe,
Viens à moi, divin LA TULIPE,
Inspire-moi des chants nouveaux ;
Du feu dont ta pipe étincelle
Échauffe, enflamme ma cervelle ;
Je vais célébrer tes travaux.

Que ma pipe aussitôt s'embrase ;
Accourez, illustres fumeurs.
Que vois-je ! où suis-je ? ô douce extase !
Est-il objets plus enchanteurs !
De la plus suave fumée
La Tabagie est parfumée :

10

La bière ici coule à grands flots :
Mon œil ébloui se promène
Sur vingt culots d'un noir d'ébène ,
Terminant pipes et brûlots.

Restez , adorables images ,
Restez à jamais sous mes yeux ;
Soyez l'objet de mes hommages ,
Mes législateurs et mes dieux.
Qu'à la pipe on élève un temple ,
Où nuit et jour on nous contemple ,
Au gré des plus fameux fumeurs.
Les blagues serviront d'offrandes ,
Le scafarlati de guirlandes ;
Et nous de sacrificateurs.

Du Gange jusqu'aux bords du Tage ,
Indiens , Chinois et Musulmans ,
Mortels de tout rang , de tout âge ;
Espagnols , Grecs , Français , Flamands ,
De la pipe adorent l'usage.
Le grand Salomon , dit le Sage ,
Fuma , dit-on , tant qu'il vécut.
Du bonheur la pipe est la voie ,
Dans la pipe est toute la joie ,
Sans la pipe point de salut.

Quoique plus gueux qu'un rat d'église,
Pourvu que j'allume un brûlot,
Que mon tabac soit sec et frise,
Je suis bien content de mon lot.
Grands de la terre, l'on se trompe,
Si l'on croit que de votre pompe
Jamais je puisse être jaloux.
Vos chars font voler la poussière;
Quand je tiens ma pipe et mon verre,
Ai-je moins de plaisir que vous?

Sortez de la route commune,
Grands du monde, vains conquérans!
Ma pipe, voilà ma fortune,
Mes biens, mes honneurs et mes rangs.
Frédéric, au bord de la Sprée,
Contre une ligue conjurée
Dirige son soldat vainqueur;
Devant les Germains qu'il dissipe,
Il bat le briquet, prend sa pipe,
Mon héros n'est plus qu'un fumeur.

De fumeurs l'univers abonde:
On fume aux antres de Lemnos,
On fume dans le nouveau monde,
On fume jusqu'au fond des eaux.

Toutes ces vapeurs condensées
Par mille pipes sont causées,
Il n'est pas de fait plus certain.
Ce brouillard qui couvre la Seine,
Et qu'on voit sur chaque fontaine,
Ne sort que d'un brûlot divin.

Tisiphone, Alecton, Mégère,
Si l'on fumait encor chez vous,
De mon tabac, Caron, Cerbère,
Je voudrais vous régaler tous;
Mais puisque par un sort barbare
On ne fume plus au Ténare,
Je veux y descendre en fumant :
Là-bas ma plus grande amertume
Sera de voir que Pluton fume,
Et de n'en pouvoir faire autant.

Redouble donc tes infortunes,
Sort cruel, sort plein de rigueur;
Ce n'est qu'à des ames communes
Que tu pourrais porter malheur;
Mais la mienne que rien n'attaque,
Plus ferme qu'un rocher d'Ithaque,

Se rit des maux présens, passés.
Qu'on m'abhorre, qu'on me déteste,
Qu'importe ! ma pipe me reste ;
Je fume, je bois, c'est assez.

Conclusion.

Et qui vit sans tabac n'est pas digne de vivre.

(Thom. Corneille.)

LISTE DES BUEAUX DE TABAC,

Marchands de Tabatières et de Pipes les mieux
fournis et les mieux achalandés de la capitale.

Citer tous les bureaux de tabac de la capitale deviendrait fastidieux, ils y pullu-
lent; nous nous bornerons donc à ceux
qui sont en réputation.

Quelques personnes ignorantes dans la
partie que nous traitons, nous ont demandé
comment il se pouvait faire que le tabac
fût meilleur dans un endroit que dans
l'autre, puisqu'il venait toujours de la
même manufacture.

Nous répondrons à cela : 1° qu'il y a
dans la fabrication du tabac ce que l'on
appelle des *veines* bonnes et mauvaises, et
qu'un débitant instruit de ces veines par
un moyen quelconque, peut faire sa pro-
vision quand la veine est bonne.

2°. Que le grand débit ne donnant pas au tabac enfoui chez le débitant le tems de se dessécher, il est toujours frais sans avoir été mouillé, ce qui est défendu par l'administration.... ! Mais que de choses qui sont défendues et qui cependant....

Bureaux de Tabac.

La Manufacture Royale, quai des Invalides, au coin de la rue de la Boucherie.

On n'y débite pas moins d'une livre.

La Civette, rue Saint-Honoré, en face celle de Rohan.

Nommer la *Civette*, c'est tout dire ; ce nom-là est connu jusque chez l'Étranger.

Bureau   passage du Panorama.

Bureau   passage de l'Opéra.

On y vend des cigarres au citron, à l'orange, etc.

Bureau   rue Dauphine, entre la rue du Pont-de-Lodi, et la rue Christine.

Bureau 239, au bas du pont Saint-Michel, au coin du quai des Augustins.

Bureau   rue du Petit-Pont.

Bureau 88, rue de Seine, n° 49.

Bureau   passage Choiseul.

Bureau   passage Feydeau.

Bureau 135, rue aux Ours.

Bureau 183, rue Grenier-Saint-Lazare.

Bureau 237, place Maubert.

Bureau 241, rue Galande.

Bureau 404, rue des Gravilliers.

Bureau 342, rue Pastourelle n° 22.

Bureau 137, rue du Parc Royal.

Bureau 101, rue du Temple n° 37.

Bureau 156, *idem*, au coin de la rue Vendôme.

Bureau 396, boulevard Saint-Denis.

Bureau 4, rue des Prêtres-Saint-Germain-l'Auxerrois.

Bureau 3o3, rue St-Germain-l'Auxerrois.

Bureau 354, Palais-Royal, passage du Lycée.

Bureau 331, *idem*, galerie de Pierre n° 51.

Bureau 120, rue de Grenelle Saint-Honoré
n° 3i.

Bureau 13o, passage du Caire.

Bureau 166, passage Véro-Dodat.

Bureau 113, passage Radziwil.

Bureau 371, passage des Petits-Pères.

Bureau 88, rue de Seine n° 49.

Bureau 412, rue Saint-Martin n° 63

Bureau 41, *idem* n° 94.

Bureau 100, rue Saint-Denis n° 374.

Bureau 368, *idem* n° 383.

Bureau 220, rue Coquillière n° 3o.

Bureau 8, rue du Petit-Carreau n° 1.

Marchands de Tabatières et de Pipes.

On vend des pipes et des tabatières dans tous les bureaux de tabac, mais quelques-uns seulement donnent une grande extension à ce commerce; nous les citerons d'abord et ensuite les marchands qui tiennent ces mêmes objets, et qui ne sont pas débitans de tabac.

Marot jeune, Palais-Royal, galeries de Bois n° 247.

Laurent, *idem*, galerie de Pierre n. 50.

Polentru, *idem*, galerie de Bois n° 217.

Rue Saint-Denis n. 383.

Et dans la rue des Arcis, où principale-ment ces marchands sont en grand nombre.

TABLE DES MATIÈRES

CONTENUES DANS CE VOLUME.

pages.

AVANT-PROPOS.   V

DU TABAC.

Son origine, son introduction en Europe, son emploi primitif, anecdotes sur sa naissance, sa mise en régie, son influence politique et morale sur les peuples, etc. . . .   17

Emploi médical et propriétés particulières du tabac.   35

Influence du tabac sur la législation actuelle.   42

Ire Leçon.

Données générales pour fumer.   45

IIe Leçon.

Énumération des différentes espèces de tabac.   50

IIIe Leçon.

Les pipes, les cigarres, le cigarrito.   55

IVe Leçon.

Choix de la boîte à tabac. 58

Ve Leçon.

De la petite sauge et de l'anis. 61

VIe Leçon.

Premier moyen de fumer sans déplaire aux belles. 63

VIIe Leçon.

Deuxième moyen de fumer sans déplaire aux belles. 66

VIIIe Leçon.

Troisième moyen de fumer sans déplaire aux belles. 70

IXe Leçon.

Quatrième moyen de fumer sans déplaire aux belles. 72

Xe Leçon.

Cinquième moyen de fumer sans déplaire aux belles. 74

XIe Leçon

Mise en anecdote.

XIIᵉ Leçon.

Moyen de faire son chemin dans le monde par
la tabatière. 81

XIIIᵉ Leçon.

Moyen pour dissiper l'odeur du tabac. . . . 86

XIVᵉ et dernière Leçon.

Manière de culotter une pipe. . . . .

Anecdotes, contes, bons mots, chansons, etc.,
qui se rattachent à l'usage du tabac. . . . 99

Conclusion. 114

Liste des bureaux de tabac, marchands de tabatières et de pipes les mieux achalandés de
la capitale. 115

Bureaux de tabac. 116

Marchands de tabatières et pipes. 119

Table. 121

FIN DE LA TABLE.